Martin Doskoczynski

New York City - Zentrum von Hochkultur und Subkultur

Historische Entwicklung und gegenwärtige Tendenzen, sowie ihre Auswirkungen auf die Stadtentwicklung

GRIN Verlag

Bibliografische Information der Deutschen Nationalbibliothek:

Die Deutsche Bibliothek verzeichnet diese Publikation in der Deutschen National-
bibliografie; detaillierte bibliografische Daten sind im Internet über http://dnb.d-
nb.de/ abrufbar.

Impressum:

Copyright © 2005 GRIN Verlag GmbH
Druck und Bindung: Books on Demand GmbH, Norderstedt Germany
ISBN: 978-3-640-11651-5

Dieses Buch bei GRIN:

http://www.grin.com/de/e-book/110413/new-york-city-zentrum-von-hochkultur-
und-subkultur

GRIN - Your knowledge has value

Der GRIN Verlag publiziert seit 1998 wissenschaftliche Arbeiten von Studenten, Hochschullehrern und anderen Akademikern als eBook und gedrucktes Buch. Die Verlagswebsite www.grin.com ist die ideale Plattform zur Veröffentlichung von Hausarbeiten, Abschlussarbeiten, wissenschaftlichen Aufsätzen, Dissertationen und Fachbüchern.

Besuchen Sie uns im Internet:

http://www.grin.com/

http://www.facebook.com/grincom

http://www.twitter.com/grin_com

Seminararbeit am

Seminar für Sozialwissenschaftliche Geographie

Große Exkursion „New York"

Wintersemester 2004/05

NYC – Zentrum von Hochkultur und Subkultur. Historische Entwicklung und gegenwärtige Tendenzen, sowie ihre Auswirkungen auf die Stadtentwicklung

Martin Doskoczynski

Studiengang Wirtschaftsgeographie (Dipl.)

7. Fachsemester

Abgabetermin:

26.11.2004

NYC – Zentrum von Hochkultur und Subkultur. Historische Entwicklung und gegenwärtige Tendenzen, sowie ihre Auswirkungen auf die Stadtentwicklung

INHALTSVERZEICHNIS

1   Einleitung 3

2   Geschichte der Kultur und Subkultur in NYC 4

   2.1   Die Anfänge im 19. Jahrhundert 4

   2.2   Die erste Hälfte des 20. Jahrhunderts 6

   2.3   Die zweite Hälfte des 20. Jahrhunderts 8

   2.4   Subkultur in NYC 11

3   Bedeutung der Kultur für NYC und Auswirkungen auf die Stadtentwicklung 13

   3.1   Bedeutung der Kultur für die Wirtschaft und die Bevölkerung 13

   3.2   Standortfaktoren und Clusterbildung 16

   3.3   Beispiele 20

   3.4   Probleme des Kultursektors in NYC und Lösungsansätze 22

4   Schlussbetrachtung 24

5   Literaturverzeichnis 25

Einleitung

New York City gilt allgemein als die US-Amerikanische Kulturhauptstadt schlechthin. Die Stadt war v.a. in den früheren Epochen ein Einfallstor in die USA, manchmal Durchgangstation, oft aber das endgültige Ziel. Menschen aus sehr vielen Ländern gaben der Stadt ihren Charakter und brachten natürlich ihre kulturelle Identität sowie ihre Gewohnheiten mit. Diese multikulturelle Ausprägung der Stadt und die verhältnismäßig starke Liberalität haben ihren großen Beitrag zur Bildung der Kunstszene geleistet.

NYC hat sich jedoch erst im 20. Jahrhundert zum anerkannten Kulturzentrum entwickelt. Angefangen bei der Portraitmalerei im 18. und 19. Jahrhundert bis über Landschaftsmalereien und die „Hudson River School" hin zu Bildhauerei und architektonischer Verschönerung von Gebäuden – hier und beim Zuzug europäischer Maler und Künstler liegen die Wurzeln von NYC als Kulturstadt. Nicht zu vergessen ist die zunehmende Etablierung verschiedener Kulturzentren, wie dem Metropolitan Museum Of Art, Museum Of Modern Art, dem Guggenheim Museum, sowie vielen anderen Einrichtungen wie den unzähligen Bühnen in der Gegend des Broadways. Weitere Ausprägungen erfährt die Kultur in verschiedenen Formen der Subkultur. Dabei handelt es sich um Entwicklungen in der Graffiti- und Musikszene, sowie anderen noch nicht etablierten Kunstrichtungen wie den verschiedenen Formen von Straßenperformance.

Der Ausdruck „Kultur" läßt sich auf verschiedene Arten und Weisen definieren. Im weitesten Sinne ist „Kultur" die Gesamtheit des durch Menschen Geschaffenen. Natürlich wäre es nicht sinnvoll diesen Begriff für die folgende Arbeit so auszulegen. Hier ist die Verwendung des Begriffes im Sinne von „Kunst" und „kreativen menschlichen Schaffens". Eine weiter gehende Definition dieses Begriffes würde den Rahmen dieser Arbeit zweifelsohne sprengen. So werden in dieser Arbeit folgende Felder als „Kultur" verstanden: Malerei, Film, Bühne, Kunsthandwerk, Bildhauerei, Musik, Design, Literatur, Photographie und andere „typische" Felder von Kultur und Kunst.

Geschichte der Kultur und Subkultur in NYC

Die Anfänge im 19. Jahrhundert

Bereits im 18. Jahrhundert liegen die Anfänge der Kultur in NYC. Besonders die Portraitmalerei, die sich die Reichen leisten konnten steht hier im Vordergrund. Danach verlagerte sich das Interesse der Menschen auf Landschaftsmalereien, historische Gemälde und Stadtansichten. Das erste Museum, das Tammany Museum wurde bereits im Jahre 1790 gegründet (vgl. NYC & COMPANY INC. (2003)).

In den Anfängen des 19. Jahrhunderst begann die Kultur in NYC eine bedeutende Rolle im Stadtleben zu spielen. Wie auch in anderen Teilen des öffentlichen Lebens bestand auch im Kulturleben eine deutliche Grenze zwischen den armen und den reichen Klassen. Es ist die Zeit in der sich in Manhattan eine blühende Kulturszene etablierte. In der Gegend des Broadway und Bowery war für populäre Unterhaltung gesorgt, es entstanden Theater, Circusse und Ausstellungen. Die bekanntesten Aufführungen gab es im Broadway Theater, welches sich zur damaligen Zeit sehr der US-Amerikanischen Kultur verpflichtet fühlte (vgl. HOMBERGER, E. (1996): 86). Die vermögenden New Yorker interessierten sich besonders für die italienische Oper im Park Theater.

Es war das Zeitalter der schnellen Veränderung und Entwicklung der Stadt. Die Schriftsteller fokussierten sich weniger auf Beschreibungen des alltäglichen Lebens, als auf fromme Biographien berühmter amerikanischer Persönlichkeiten, unterhaltsame Satiren, Romane und Gedichte. Zu den bekanntesten Persönlichkeiten dieser Zeit gehören Washington Irving, William Cullen Bryant und „last but not least" Edgar Allen Poe, der in den 1830ern in NYC lebte und für seine Krimis und Horrorgeschichten bekannt war und ist. Doch viele Schriftsteller der jüngeren Generation wie Whitman und Melville beklagten den Mangel an Unterstützung durch wohlhabende Kaufleute, die konservative Ausprägung der Literaturszene und das Unbehagen der Bewohner gegenüber kritischen Betrachtungen des amerikanischen Lebens. Es war schwierig den New Yorker Geschmack zu treffen; vieles was in London gerne gelesen wurde, stieß in NYC auf ein nur geringes Interesse (vgl. HOMBERGER, E. (1996): 86).

In der ersten Hälfte des 19. Jahrhunderts bildeten die Künstler New Yorks verschiedene Formen von sozialen und kulturellen Netzwerken. Dazu gehören der 1824 gegründete „Bread and Cheese Club" (vgl. HOMBERGER, E. (1996): 86), sowie die berühmte „Hudson River School". Diese wurde. Dabei handelte es sich um eine Gruppe von Malern, die romatische Bilder der amerikanischen Wildnis malten. Im Mittelpunkt der Gruppe stand der berühmte Maler Thomas Cole (vgl. MAYLON, J. (2004)). Die Maler dieser Schule teilten mit vielen Schriftstellern ihre gemeinsame Liebe zur Natur (vgl. HOMBERGER, E. (1996): 86).

Das Stadtbild in dieser Zeit wurde geprägt durch die Ansammlung kultureller Institutionen in der Gegend der Kreuzung des Broadways mit der 10.Straße und südlich der Canal Street. Letzteres Viertel in Downtown Manhattan beherbergte eine Reihe damals aufstrebender Verlage. Der Name „Printing House Square" verdeutlicht diesen Sachverhalt. Namhafte Zeitungen wie die „New York Times" oder „New York Tribune" waren dort seßhaft (vgl. HOMBERGER, E. (1996): 87).

An dieser Stelle ist das Aufkommen deutscher Kultur nach dem massiven Zuzug von Deutschen in der zweiten Hälfte des 19. Jahrhunderts erwähnenswert. 1854 wurde das „Bowery Amphitheatre" aufgekauft und zum „Stadttheater" umbenannt. In weiten Teilen der Lower East Side entstand eine Reihe deutscher Kultureinrichtungen wie das „Volks Theatre", die „Beethoven Hall", der Volksgarten oder der „New York Turnverein". Allerdings blieb es nur bis zur Jahrhundertwende bei der kulturellen Dominanz der deutschen in diesem Viertel. Danach wurden sie durch andere Immigrantengruppen verdrängt und verteilten sich auf andere Gebiete Manhattans und auf Williamsburg und Bushwick in Brooklyn (vgl. HOMBERGER, E. (1996): 98, 99, 114). Unter den deutschen Einwanderern befand sich auch Heinrich Steinway, der 1853 nach NYC kam und dort den berühmten Betrieb zur Herstellung von Klavieren errichtete (vgl. KINGWOOD COLLEGE LIBRARY (2004))

Ab der Jahrhundertwende spielte die Musikszene und Populärkultur in New York eine zunehmend wichtige Rolle. In diesen Disziplinen lag NYC landesweit an der Spitze; eine ernsthafte Konkurrenz bildete nur die später in Los Angeles aufstrebende Filmindustrie. Ein Grund hierfür war die landesweite Verbreitung des Gespürs für die gefestigte New Yorker Identität, die als stellvertretend für die Nation der US-Amerikaner angesehen werden kann. Die Stadtbewohner genossen die verschiedensten Formen von Unterhaltung, wie Varieté oder den Besuch der „music hall", die Tony Pastor eingerichtet hat. Es handelte sich dabei früher um das „Germania Theatre", das er aufkaufte. Hier wurden Opern und Operetten aufgeführt, sowie diverse Shows der Varieté-Art. Pastor hat bereits im Jahre 1865 das „Tony Pastor's Opera House" in Manhattan in Betrieb genommen (vgl. WIKIPEDIA (2004) [Suchstichwort: „Tony Pastor"]). Zahlreiche Veröffentlichungen der vielen Komponisten, Autoren und Lyriker bereicherten das kulturelle Leben der Stadt. Die besten Songs wurden in New York ausgewählt, veröffentlicht und durch New Yorker Firmen vertrieben (vgl. HOMBERGER, E. (1996): 114) , was in dieser Zeit bereits auf die große wirtschaftliche Bedeutung der Kultur hindeutet und in diesem Sinne das erste mal von Vermarktung verschiedener Kulturprodukte gesprochen werden kann.

Die erste Hälfte des 20. Jahrhunderts

NYC entwickelte sich um die Jahrhundertwende sehr rapide. Das „Goldene Zeitalter" war angebrochen, was sich in der ersten Hälfte des vergangenen Jahrhunderts sowohl in der Bautätigkeit und der Architektur, als auch kulturell sehr stark niederschlug.

Das Jahrhundert begann kulturell mit neuen Ausprägungen des Tanzes, des sog. „Modern Dance". Es handelte sich um freie Tänze, die aus einer Rebellion gegenüber althergebrachten Formen des Balletts entstanden (vgl.: WIKIPEDIA (2004): [Suchstichwort: „modern dance"]). Das war sehr eng mit dem zur damaligen zeit aufkeimenden musikalischen Stil des „Ragtime" verbunden. Ein bekannter Vertreter dieser Musikrichtung war Scott Joplin, der in NYC diese Musik komponierte und arrangierte (vgl. HOMBERGER, E. (1996): 117). Weitere beliebte Musikrichtungen dieser Zeit waren irische Balladen, italienische und jiddische Songs. Viele dieser Lieder entstanden über rassistische Ressentiments gegenüber bestimmten Einwanderergruppen. In sog. „Coon Songs" wurde bereits seit der ersten Hälfte des 19.Jahrhunderts ein offener Rassismus, v.a. gegenüber der afro-amerikanischen Bevölkerungsgruppe in Form von Liedern propagiert. So wurden Bürger schwarzer Hautfarbe („coons") über Kultur diskriminiert (vgl. REUBLIN, R.A.; MAINE, R.L. (2004)). In NYC wurde der Begriff „Coon Songs" ab der Jahrhundertwende speziell für die irischen Balladen und Lieder verwendet. In Bühnenaufführungen wurden oft die Probleme der Segregation von Minderheiten und die Thematik der Gerechtigkeit gegenüber proletarischen Zuwanderern und der Abgrenzung jüdischer Einwanderer gegenüber der Gesellschaft thematisiert (vgl. MERVIN, T. (2003); HOMBERGER, E. (1996): 117,118). Doch Immigranten und v.a. ihre Kinder spielten eine sehr wichtige Rolle bei der Genese der Überlegenheit NYCs gegenüber anderen US-amerikanischen Städten. Die besten Beispiele dafür sind Jimmy Durante, Irving Berlin, George Gershwin.

Es waren keine Bühnenaufführungen in den USA erfolgreich, die nicht zuerst in NYC erfolgreich waren. Alle wichtigen Agenturen zur Vermarktung von Kunst hatten ihren Sitz in NYC. Ähnlich verhielt es sich mit der Literatur: alle US-amerikanischen Bestseller der damaligen Zeit wurden über Verlage in NYC herausgegeben und vermarktet. Das kulturelle Leben der USA konzentrierte sich zum allergrößten Teil auf NYC, so dass bereits davon gesprochen wurde, die USA würden kulturell durch die Stadt New York „leergesogen".

Es wurde immer öfter deutlich, wie eng in NYC Kultur mit „Public Relations", Kreativität und Geld zusammen verwoben ist. Die wirtschaftliche Bedeutung der Kultur wird durch die Tatsache deutlich, dass in der Stadt mehr Menschen in Druck- und Verlagsgewerbe angestellt waren als das in Chicago, Boston und Philadelphia zusammen der Fall war (vgl. HOMBERGER, E. (1996): 117).

Eine besondere kulturelle Bedeutung erlangte „Greenwich Village". Zu der damaligen Zeit hatte dieses Viertel das Image eines unangepassten, dekadenten Künstelviertels. Alte Wohnhäuser und Industriegebäude wurden wieder einer Nutzung zugeführt, indem sich Künstler der Avantgarde und Schriftsteller dort nieder ließen (vgl. JACKSON, K.T. (1995) (Hrsg.): 506-509). Um die Jahrhundertwende befand sich dieses Neighbourhood auf dem besten Wege zu einem „Industrieslum" (vgl. HOMBERGER, E. (1996): 134), wäre es nicht von vielen als billiges und bewohnbares Viertel wieder entdeckt worden. Um 1912 wurde dieses Viertel aufgrund des U-Bahn-Baus und zunehmender Beliebtheit des Automobils stark aufgewertet. Das heute oft anzutreffende Phänomen der Besetzung veralteter und/oder nicht mehr genutzter Gebäude durch gesellschaftliche Randgruppen (z.B. Revitalisierung alter Industriegebäude in Form von „Lofts") hat seine Anfänge bereits Anfang des 20. Jahrhunderts in Greenwich Village. Ab diesem Zeitpunkt war Greenwich Village ein US-weites Testfeld für verschiedene kulturelle Experimente, sowie alle möglichen Arten der gesellschaftlichen und sexuellen Befreiung (vgl. HOMBERGER, E. (1996): 134). Es bildete sich eine selbstbewusste, avantgardistische Gesellschaftsschicht, die sich als Gegenbewegung zur bürgerlichen Gesellschaft verstand. Es wurden viele kleine Magazine, Zeitschriften und auch Bücher herausgegeben, Kunstgalerien stellten ihre Produkte aus. Für Unterhaltung war gesorgt: es wurden Veranstaltungen in Künstlerstudios organisiert, es gab auch Kostümbälle. Es entstanden kleine Theater, die sich als Gegenpart zum hochbudgetierten, etablierten Bühnen in der Gegend des Broadways sahen (vgl. JACKSON, K.T. (1995) (Hrsg.): 506–509). Eine Art Alternativkultur erfuhr ihre Blüte in diesem Viertel. Für die damalige Zeite war es bereits eine Form von Subkultur, da sie sich stark von etablierten Kulturmustern unterschied und bestrebt war Neuartiges und bisher nicht da Gewesenes auszuprobieren, sowie versuchte aus vorgegebenen, anerkannten Strukturen herauszubrechen. Das Viertel war eine lange Zeit auch ein Touristenmagnet (vgl. JACKSON, K.T. (1995) (Hrsg.): 506-509), was sicherlich eine gewisse wirtschaftliche Bedeutung für die Stadt und für die Künstler hatte.

Die Afro-Amerikanische Kultur blühte in der ersten Hälfte des 20.Jahrhunderts v.a. in Harlem auf. Als Folge rassistischer Verfolgung und Diskriminierung, sowie offen angewandter Gewalt gegen Schwarze, konzentrierte sich diese Bevölkerungsgruppe innerhalb dieses Neighbourhoods (vgl. HOMBERGER, E. (1996): 138). Aus dem Süden der USA gab es einen enormen Zuzug von Schwarzen, da sie sich im Norden einen besseren Status und ein besseres Leben erhofften. Diese Zuzügler brachten den Jazz und den Gospel nach NYC. In den 1920er Jahren wurde Harlem ein Mekka für afro-amerikanische Künstler und Schriftsteller. Diese Kulturbewegung bekam den Namen: „Harlem Renaissance". In Folge des blühenden Kulturbetriebs, wurde Harlem das Zentrum des Nachtlebens in NYC. In diesem Zusammenhang sind Namen zu nennen wie Louis Armstrong und Duke Ellington; berühmte Institutionen wie das Apollo Theater oder der Cotton Club waren Zentren der musikalischen Kultur (vgl. HARLEM SPIRITUALS (2004)).

Stadtgeographisch gesehen war die reichhaltige kulturelle Welt der Stadt in mehrere „Schulen" und „Szenen" aufgeteilt, die sich jeweils mit einem bestimmten Viertel und Neighbourhood identifizierten. So war z.B. die berühmte Ashcan School der New Yorker Realisten unter Robert Henri und Joan Sloan an Greenwich Village gebunden. In den dortigen Häusern, Saloons und in dem florierenden Straßenleben der Arbeiterklasse in der East Side fanden die Maler die richtige Inspiration für ihre Werke, die sich mit realistischen Szenen aus dem urbanen Leben beschäftigten (vgl. HOMBERGER, E. (1996): 152; MAYLON, J. (2004)).

Die zweite Hälfte des 20. Jahrhunderts

In der zweiten Hälfte des 20. Jahrhunderts wurde NYC unbestreitbar zu einer
Kultuhauptstadt. Das Hauptmotto der Zeit nach dem zweiten Weltkrieg war „Freiheit" und
das äußerte sich auch und v.a. in der Kultur. Zum ersten mal in ihrer Geschichte waren die
USA auf dem besten Weg die Kulturherrschaft über die westliche Welt zu übernehmen. Das
war vor allem den vielen Einwanderern und Flüchtlingen aus der alten Welt zu verdanken.
NYC warf das Provinzielle und „Korrekte" von sich ab und entwickelte sich zu der
Weltmetropole schlechthin. V.a. moderne Künste haben in der Stadt Fuß gefasst und NYC
wurde weltweiter Vorreiter in dieser Disziplin. Die „klassischen" New Yorker
Kulturrichtungen wie Musik, Tanz, Oper, Theater und Malerei standen hinter der
Internationalität der Stadt und waren für die Entwicklung zur Metropole von großer
Bedeutung (vgl. HOMBERGER, E. (1996): 147). NYC wurde zum US-Amerikanischen
Zentrum der Fernsehsender und die Zeitungen „New York Times" und „Wall Street Journal"
übernahmen landesweit die führende Position bei den gedruckten Medien.

Nach dem zweiten Weltkrieg entwickelte sich in der Gegend der 10.Straße, zwischen der 1.
und 6.Avenue eine Kunstszene, die als Abstrakter Expressionismus bezeichnet wurde. In
dieser Gegend waren die Mieten damals sehr niedrig, aber als diese anstiegen verlagerte sich
der Schwerpunkt der Malerszene in die Gegend von SoHo, zwischen Houston Street und
Canal Street. Dies war in den 50er Jahren der Fall, als verschiedene Künstler begannen
unerlaubterweise ehemalige Industriegebäude und Lofts zu besetzen. Innerhalb eines
Jahrzehnts entwickelte sich dieses Neighbourhood zu einem bedeutenden alternativen
Künstlerzentrum mit Künstlerlofts und alternativen Galerien (vgl. ZUCKER SEEMAN, H.;
SIEGFRIED A.(1979); HOMBERGER, E. (1996): 152).

Nach dem zweiten Weltkrieg wurde NYC zum Zentrum der abstrakten modernen Künste in
der westlichen Welt. Das war eine Revolution, die zu einem ihre Wurzeln im Beginn des
„Amerikanischen Jahrhunderts" hatte und zum anderen durch das wiederholte Einströmen
europäischer Künstler nach NYC zu begründen war. Erwähnenswert ist ebenfalls die Präsenz
wohlwollender und bekannter Kunstkritiker in der Stadt wie Clement Greenberg und Mayer
Schapiro. Die erste Generation der Künstler reflektierte das Weltbürgertum der Stadt, weil
diese Neubürger hauptsächlich aus verschiedenen europäischen Ländern kamen wie die

Niederlande, Bayern, Polen, Russland, Armenien. Einige waren US-Amerikaner, die aus anderen Gegenden nach NYC immigrierten, viele kamen auch aus Kanada. Ein Beispiel für einen bayrischen Künstler ist Hans Hofmann, der aus Weissenburg stammt und in den 30er Jahren in NYC eine Schule der schönen Künste gründete (vgl. ESTATE OF HANS HOFMANN (2004)) Die zweite Generation war geschmacklich „amerikanischer", sie zog die Popkultur den schönen Künsten vor. Der berühmteste Vertreter dieser Gruppe ist zweifelsohne Andy Warhol, auf den die Richtung der Popart zurückgeht. Die Wurzeln der Künste blieben stets in den einzelnen Neighbourhoods, doch die Kunstprodukte hatten mittlerweile ein weltweites Publikum gefunden (vgl. HOMBERGER, E. (1996): 152) .

New Yorker Bürger haben stets viel Wert darauf gelegt Theater besuchen zu dürfen. In NYC steht der Begriff „Broadway" nicht nur für eine Straße, sondern ist ein Synonym schlechthin für die US-Amerikanische Bühne. Das Theater hat in NYC eine sehr lange Tradition; bereits Ende des 18.Jahrhunderts gab es Theaterinstitutionen in New York, wie das John Street Theater. Meist orientierte man sich in denn Theaterstücken am englischen Schauspiel. Die bekanntesten alten Theater in der Gegend des Broadways sind das Park Theatre und „The Bowery" aus der ersten Hälfte des 19. Jahrhunderts (vgl.: RUSIE, R.(2004)). Bereits in dieser Zeit hat sich ein regelrechtes Kartell von einflussreichen Theaterbesitzern gebildet, die einen Großteil der regionalen Theater stark beeinflussten. Gut zu beobachten ist eine zeitparallele Wanderung des Kulturschwerpunktes entlang des Broadways. Während in den Anfängen des Theaters in NYC die Institutionen eher in dem Bereich der City Hall, also Downtown Manhattan, angesiedelt waren, verlagerten sie sich immer weiter nach Norden. Den Schwerpunkt bildet heute der Bereich um den Times Square (vgl. HOMBERGER, E. (1996): 156). Vor allem die Eröffnung der U-Bahn, die unter dem Broadway verläuft, im Jahre 1904, gab dem Standort um den Times Square einen enormen Aufwind. Die Beherrschung der Szene durch die dort angesiedelten Institutionen war enorm; es galt als ein gewagtes Experiment, eine sog. „Off-Broadway" Bühne in Betrieb zu nehmen, so z.B. das „Circle in the Square Theatre" in Greenwich Village im Jahre 1952 (vgl. HOMBERGER, E. (1996): 156).

Ab der zweiten Hälfte des 20. Jahrhunderts wurde die Kulturszene in NYC immer diversifizierter. Neue Einwanderergruppen wie Asiaten oder Mittel- und Südamerikaner bereicherten das Kulturleben enorm. Neben dem Standort um den Broadway entstanden auch viele kleinere Bühnen und Institutionen die man als „Off-Broadway" und mittlerweile auch

als „Off-Off-Broadway" bezeichnet werden, je weiter sie von diesem Kulturstandort entfernt sind und je kleiner die Sets sind (vgl. WIKIPEDIA (2004): [Suchstichwort: „Off-Off-Broadway]). Teilweise wird spekuliert, das heute mehr Aufführungen in diesen kleinen Theatern stattfinden, als am Broadway selbst
(vgl. URL: http://theater.about.com/od/offoffbroadway/; Abrufdatum: 21.11.2004).

Heute befinden sich in der Stadt unzählige Museen (ca. 150), Theater (ca. 29 alleine am Broadway) und Galerien (ca. 900) (vgl.: NEW YORK REPORTERS (2004)). Aktuell ist die Wiedereröffnung des Museum Of Modern Art (MoMa), im Herzen Manhattans, welches die weltweit größte Sammlung moderner Kunst beherbergt. Auf 11600 Quadratmetern Ausstellungsfläche werden Werke derer präsentiert, die in der Szene Rang und Namen haben. Für junge Künstler ist es eine Krönung, wenn ihre Werke im MoMa ausgestellt werden; sie können sich in diesem Falle sicher sein, dass sie in der Kunstwelt angekommen sind (vgl. DER SPIEGEL (2004)). Teilweise wird NYC als „Welthauptstadt" angesehen, das kann man durchaus auch auf das kulturelle Leben in der Stadt beziehen. Institutionen von Weltrang wie das Guggenheim Museum (teilweise mit MoMa konkurrierend) oder das Metropolitan Museum Of Art haben ihren Standort in NYC.

Subkultur in NYC

„Subkultur" definiert sich in der Soziologie im Allgemeinen als eine bestimmte Teilmenge, oder Untergruppe einer Kultur, deren grundsätzliche Werte und Normen durch die Mitglieder der Subkultur geteilt werden. Der Begriff wird meist jedoch im Sinne einer „Gegenkultur" angewandt; d.h. dass ihre Mitglieder die etablierten Normen und Werte in Frage stellen und ihr eigenes System an sozialen Werten und Normen entwickeln (vgl. WIKIPEDIA (2004): [Suchstichwort: „Subkultur"]). Das ist auch die Sichtweise die bei dieser Thematik anzuwenden ist.

Die wichtigsten Richtungen der Subkultur in NYC ist die Bewegung der Rapper, Graffiti-Künstler, und die Gay- Kultur.

Der Rap entstand ab den 1970er Jahren in der Bronx. Er wird mit afro-amerikanischen Jugendlichen in Verbindung gebracht, die zur rhythmischen Begleitung Reimverse aufsagen (vgl. JACKSON, K.T. (1995) (Hrsg.): 986). Der Protagonist der Anfänge war „Grandmaster Flash", der bedeutende Wurzeln dieser Musikrichtung legte. Rap war ein Teil der Hip-Hop Bewegung, die auch die Elemente des Graffiti und den Breakdance beinhaltete (vgl. WIKIPEDIA (2004): [Suchstichwort: „rap"]). Oft wurden die Texte an die teilweise militanten Aussagen der black-power-Bewegung angelehnt und befassten sich ebenfalls mit den Problemen der Rassendiskriminierung. In den 80er Jahren wurde die Musikrichtung kommerziell sehr erfolgreich. Dazu trugen New Yorker Künstler wie Rund DMC und Public Enemy bei (vgl. JACKSON, K.T. (1995) (Hrsg.): 986). Der brutale und obszöne „gansta rap" ist eher ein Produkt der Westküste, als das der New Yorker Rapper.

Wie bereits erwähnt ist Graffiti eng mit Hip-Hop verbunden. In NYC bildete sich Anfang der 1970er Jahre eine Subkulturszene in diesem Genre. Alles begann mit einem griechischstämmigen Jugendlichen, der auf Hunderten Metrowaggons und Wänden in der ganzen Stadt seinen „tag" sprühte. Graffiti wurde schnell zu einem Problem, weil die Kosten für die Reinigung der tags und Bilder in die Höhe schossen. So wurde diese Kunstrichtung als Vandalismus verfolgt, und mit hohen Geld- und Gefängnisstrafen belegt. Doch von den Sprayern wurde Graffiti als Kunst propagiert, so dass bereits nach kurzer Zeit das MoMA eine Diashow verschiedenen „murals" (auf Wände gesprühte Bilder) aus der ganzen Stadt widmete. Trotzdem blieb war das Problem der Reinigung für die Stadt akut, so dass sie ständig neuere Methoden entwickeln musste um die Beschmierungen zu entfernen. Doch Graffiti wurde von vielen als Kunstrichtung anerkannt, es gab seit den 80er Jahren zunehmend mehrere Ausstellungen und Filme, die sich mit diesem Phänomen beschäftigten (vgl. JACKSON, K.T. (1995) (Hrsg.): 495). Heute gehört James De La Vega zu den bekanntesten Graffiti-Künstlern in NYC. Seine murals sind mittlerweile international bekannt, was die Behörden trotzdem nicht davon abhält ihn wegen unerlaubter Bemalung von Gebäuden zu bestrafen (vgl. URL: http://www.bxtimes.com/news /2004/0624/ Front_Page/ 030.html. Abrufdatum: 22.11.2004).

NYC war weltweit die erste Stadt in der sich eine Homosexuellenszene aufbaute und etablierte. Bereits in den 1920er Jahren gab es eine lebhafte Szene in Greenwich Village, die andere Homosexuelle aus New York und teilweise aus ferneren Gebieten anzog. Die Szene weitete sich im Laufe der Zeit auf die East Side und West Side, sowie Brooklyn- und Jackson Heights. Die permanente Diskriminierung durch die Öffentlichkeit und durch den Staat, führte in der revolutionären Zeit Ende der 1960er Jahre zu einem Aufstand in der Christopher Street in Greenwich Village, welcher zu einer allmählichen gesellschaftlichen und politischen Toleranz und Gleichstellung gegenüber Homosexuellen führte. Durch die Immunschwächekrankheit AIDS stand die Szene vor sehr großen Problemen; die Krankheit konnte jedoch relativ erfolgreich eingedämmt werden. Heute sind Homosexuelle gut in Vereinen und Interessenvertretungen organisiert, in öffentlichen Ämtern vertreten und „in der Gesellschaft" angekommen (vgl.: JACKSON, K.T. (1995) (Hrsg.): 455 f.) Es wäre falsch die Szene heute noch der Subkultur zuzuordnen, was ebenfalls für die meisten anderen „westlichen" Länder gilt.

Bedeutung der Kultur für NYC und Auswirkungen auf die Stadtentwicklung

Bedeutung der Kultur für die Wirtschaft und die Bevölkerung

In NYC hat die stark ausgeprägte Kulturszene schon seit einer langen Zeit eine enorme ökonomische Bedeutung für die Stadt. Sie wäre nie zu dem geworden was sie verkörpert, wenn es keine solch außergewöhnliches und intensives Kulturleben gäbe. Die wirtschaftliche Bedeutung des Kultursektors, liegt einerseits an den großen Beschäftigungseffekten, an Generierung von Einkommen und Steuergeldern, sowie natürlich in der Wichtigkeit für den Tourismus. Ein großer Anteil der Touristen kommt eben aus dem Grund nach NYC, weil kulturell sehr viel geboten wird. Wenn man die direkten Effekte auf die Beschäftigung und das Stadtbudget in Zahlen ausdrückt, kann man z.B. eine Studie von McKinsey zur Hand nehmen, die für das Jahr 1995 folgendes ergibt:

- direkter, totaler Einfluss auf das Budget der Stadt New York: 11,1 Milliarden Dollar,
- alleine die Ausgaben der Besucher generierten 2,5 Milliarden Dollar
- NYC investierte 97 Millionen Dollar in die Kunst, der Sektor schaffte 130 000 Arbeitsplätze und spülte 221 Millionen Dollar zurück in die Staatskasse; bei einem return on investment von beinahe 240%, also ein beinahe risikolose Investition für die Stadt (vgl. NYFA (2001) : 17).

Die Studie schlüsselt das Einkommen nach einzelnen Positionen auf. So erwirtschafteten an Steueraufkommen:

- gemeinnützige Organisationen 3,2 Milliarden,
- kommerzielles Theater eine Milliarde,
- kommerzielle Kunstgalerien und Auktionshäuser 823 Millionen,
- ihre Investitionen und des kommerziellen Theaters 170 Millionen,
- Film- und Fernsehproduktionen 3,4 Milliarden Dollar (vgl. ALLIANCE FOR THE ARTS (Hrsg.)).

Dieser „Industriezweig", wie der Kultursektor in der Studie benannt wird, hat außerdem enorme Wachstumsraten aufzuweisen. Der Sektor wuchs zwischen 1995 und 1997 um ganze 19% und das innerhalb von nur zwei Jahren. Im Jahre 1995 konnte z.B. das MoMA die höchsten Besucherzahlen vorweisen: 5,2 Millionen Besucher (vgl.: ALLIANCE FOR THE ARTS (Hrsg.). Das Wachstum in sieben Jahren zwischen 1996 und 2002 belief sich auf 52 %.

Diese Zahlen machen die ökonomische Bedeutung der Kultur für NYC sehr deutlich. Ein weiterer wichtiger Effekt sind sekundäre Auswirkungen auf die vom Kultursektor abhängigen Branchen, wie die Mode- und die Werbebranche, sowie das Verlagswesen. Mit dem auftretenden Phänomen des „Kulturtourismus", strömen jährlich Millionen Touristen in die Stadt, die der städtischen Wirtschaft über weitere Ausgaben (Übernachtung, Verpflegung...) einen Aufschwung geben. Ein weiterer interessanter und wichtiger Aspekt ist das Auftreten von in der freien Wirtschaft besonders gefragter Fähigkeiten bei den in der Kulturindustrie beschäftigten Arbeitnehmern. Das ist als positiver Standortfaktor zu werten, da der Wirtschaft somit direkt vor Ort ein ganzer Pool von speziell qualifizierten Arbeitskräften zur Verfügung steht. So sind bei diesen Arbeitnehmern Fähigkeiten ausgeprägt, die in Zukunft von zunehmend von potentiellen Arbeitgebern vorausgesetzt werden. Es besteht eine deutliche Korrelation zwischen der Dichte von high-tech-Industrien und der Dichte der Künstler in einer Stadt. Betriebe dieser Branchen siedeln sich am liebsten dort an, wo ausreichend „kreatives Kapital" vorhanden ist (vgl. NYFA (2001) : 17).

In NYC hat man bereits erkannt, das ein erheblicher Teil der einheimischen Wirtschaft und des Wirtschaftswachstums vom Kultursektor abhängt. Nach der Aussage des „senior-economist" der Federal Reserve Bank in New York im Jahre 2002 ist mittelfristiges Wirtschaftswachstum in der Stadt hauptsächlich durch den Kultursektor zu generieren (vgl. HOSTETTER, M. (2003)). Das internationale Image von NYC wird neben dem Finanz- und Businesssektor sehr stark vom Kulturleben generiert.

Selbstverständlich ist die New Yorker Kultur nicht nur dafür da um Geld in die Kassen zu spülen, Beschäftigungseffekte zu generieren und dem Fremdenverkehr als Basis zu dienen. Das Kulturleben ist ebenfalls für die ansässige Bevölkerung sehr wichtig und erfüllt eine wichtige gesellschafts- sowie bildungspolitische Aufgabe. V.a. in dem „melting pot" oder „salad bowl" NYC ist Kultur ein integrativer und identitätsstiftender Faktor. Kultur bildet

Kinder und Erwachsene, stabilisiert die Neighbourhoods. Es bildet eine gemeinsame Sprache über Barrieren wie Viertel, Ethnien, Rassen und Generationen hinweg. Es ist das gemeinsame Erbe aller New Yorker Bürger und stiftet somit eine gemeinsame Identität (vgl. NYFA (2001) :18).

Eine Untersuchung aus dem Jahre 2001 zeigt, dass die Bürger der Stadt sehr intensiv am Kulturleben teilnehmen. Die Untersuchung bezieht sich auf die Aktivitäten im Laufe des Jahres vor ihrer Durchführung. Bei den Erwachsenen (älter als 18 Jahre) setzt sich die Teilnahme wie folgt zusammen: 66% gingen ins Kino, 49% zu musikalischen Veranstaltungen, 47% zu Büchereien, und 36% ins Theater. 75% der Befragten gaben sogar an, dass es für sie außerordentlich wichtig ist in ihrem Leben selbst kreativ tätig zu sein. Es wurden von vielen Befragten jedoch auch einige Barrieren angegebne, die sie daran hinderten intensiver am Kulturleben teilzunehmen. An der Spitze stehen die Eintrittsgelder, die speziell im Bereich der musikalischen Veranstaltungen und Theatervorstellungen ein bedeutendes Hindernis für die Teilnahme darstellen. Weitere Hindernisse waren der persönliche Zeitmangel, Sicherheit des eigenen Neighbourhoods, fehlende Begleitung, zu weite Distanzen und fehlende Informationen über Veranstaltungen (vgl. NYFA (2001) : 40-42).

Bei Personen unter 18 Jahren zeichnet sich das Bild relativ ähnlich. 75% betätigen sich selber schöpferisch, 59% gingen in Museen und Ausstellungen, 51% besuchten musikalische Veranstaltungen, 43% gingen ins Theater. Die meisten Eltern (60%) denken dass es für ihre Kinder sehr wichtig ist am Kulturleben teilzunehmen und wünschten diese könnten das intensiver tun. Sie wünschten sich bessere Möglichkeiten für kulturelle Unternehmungen in der Schulzeit, mehr Nachmittagsprogramme (nach der Schule) und mehr Informationen über Veranstaltungen. Die hauptsächlichen Hindernisse an der Teilnahme sind in erster Linie der Mangel an Information, die Unkompatibilität der Orte und Zeiten, und als dritter Punkt der Kostenfaktor (vgl. NYFA (2001) : 43-44).

Die zwei Gruppen, die vergleichsweise wenig am kulturellen Leben teilnehmen sind Senioren ab 65 Jahren und Kinder aus Familien mit niedrigen Einkommen. Aus den Ergebnissen der Studie geht deutlich hervor, dass die Teilnahmeintensität der Kinder parallel zum zunehmenden Einkommen der Eltern ansteigt. Für diese beiden Gruppen muss in Zukunft ein Konzept gefunden werden um sie besser in das kulturelle Leben der Stadt einzubinden

Die Punkte 3.1 und 3.2 haben deutlich aufgezeigt wie wichtig die Kultur für das Stadtleben ist. Daraus lässt sich folgern dass es starke Einflüsse auf die Stadtentwicklung geben muss, v.a. aufgrund des ökonomischen Aspektes. Hinzu kommt dass in einer Stadt dieser Größenordnung und dieser Bevölkerungsdichte nicht unbegrenzt Raum vorhanden ist, enorm intensiv genutzt werden muss und dadurch natürlich Nutzungskonflikte entstehen. Mit dem Platzmangel geht eine sehr dynamische Miet- und Preisentwicklung auf dem Immobilienmarkt einher. Die Stadtplanung und Stadtpolitik haben die heikle Aufgabe einerseits nicht allzu stark in den freien Markt einzugreifen und andererseits dafür zu sorgen dass die Entwicklung für alle Beteiligten möglichst optimal erfolgt um Verslumung und soziale Konflikte zu vermeiden, sowie die Attraktivität, internationale Wettbewerbsfähigkeit und die Stadt als „lebenswerten" Raum für ihre Bürger zu erhalten.

Standortfaktoren und Clusterbildung

Dass Kultur ein wichtiger Image- und Standortfaktor für NYC ist, geht aus den vorhergehenden Punkten hervor. Doch wo siedeln sich Kulturbetriebe innerhalb der Stadt an, was ist dafür notwendig und welche Auswirkungen haben diese, v.a. konzentrierten Ansiedelungen von Kulturbetrieben auf den (Mikro-)Standort?

Es macht Sinn zwischen verschiedenen Kulturinstitutionen zu unterscheiden, obwohl sie z.T. ähnliche Effekte auf die Neighbourhoods ausüben, aber unterschiedliche Standortvoraussetzungen mitbringen. Der augenscheinlichste Unterschied besteht zwischen einer frei-kreativen Kultur, die oft als alternativ betrachtet werden kann und der stark kommerzialisierten Kultur, die profitorientiert, sehr standortgebunden und relativ unflexibel ist. Der erste Fall wird durch die typische Loft- und Galerienkultur repräsentiert, der zweite Fall durch die Bühnen und Kinos am Broadway, etwa in der Gegend des Times Square. Den Extremfall bilden Museen und Dauerausstellungen, die einmal eingerichtet, nur schwer wieder umzulokalisieren sind, was hauptsächlich eng mit dem Kostenfaktor zusammenhängt und damit dass diese stark vom Massentourismus betroffen sind.

Wie die Betrachtung im zweiten Kapitel dieser Arbeit gezeigt hat, sind viele der heutigen Standorte dieser persistenten Institutionen historisch bedingt und lokalisieren sich hauptsächlich in der Gegend von Midtown-Manhattan, etwa in der Gegend zwischen Times Square und Central Park. Diese Institutionen sind schon mal gewandert; von Süd nach Nord. Dieser Effekt ist jedoch auf das Wachstum Manhattans in dieser Richtung zurückzuführen. Heute ist davon auszugehen dass diese Bewegung nicht mehr fortdauern wird, da Manhattan kein bauliches Wachstum mehr erfährt. Das neueste Beispiel für diese Persistenz ist der Neubau des MoMA, das an genau an der gleichen Stelle konstruiert wurde, an der es schon immer stand (vgl.DER SPIEGEL (2004)). Da es sich um einen Komplettneubau handelt, hätte man auch nach Alternativen für den Standort suchen können, die vom Grundstückswert her billiger sind. Doch das Image des Museums ist stark an diesen Standort und dieses Cluster gebunden. Hinzu kommt dass die Kundschaft des Museums v.a. an dieser Stelle sehr konzentriert ist, weil es hier weitere für diesen Kundenkreis interessante Institutionen gibt.

Es ist in der Stadtgeographie ein oft auftretendes Phänomen, dass sich Betriebe gleicher Branche an bestimmten Standorten konzentrieren um dadurch Fühlungs- und Agglomerationsvorteile zu erzielen. Dieses war ebenfalls während des „Booms" der Kultur in der Stadt um die Jahrhundertwende und der ersten Hälfte des 20.Jahrhunderts zu beobachten, als sich in der Gegend des Broadways und Times Square Theater und ähnliche Einrichtungen anfingen zu konzentrieren. Irgendwann ist der Punkt erreicht an dem es einer Institution nichts anderes übrig bleibt als sich im Zentrum des kulturellen Geschehens zu lokalisieren um überhaupt wahrgenommen und besucht zu werden. Diese Einrichtungen generieren heute auch genügend an Kapital um sich die teuren, jedoch ergiebigen Standorte leisten zu können. In der Nachbarschaft den kommerziellen Einrichtungen treten unmittelbare Sekundäreffekte auf. Die starke touristische und kulturelle Bedeutung zieht weitere Branchen an, die von den Besuchern nachgefragte Produkte und Dienstleistungen anbieten, so dass für viele Unternehmer von einer starken Abhängigkeit vom Vorhandensein kultureller Einrichtungen auszugehen ist.

Anders verhält es sich mit der alternativeren, weniger profitorientierten Kultur. Dazu gehören z.B. Maler, die in Lofts, Studios und Galerien arbeiten und ihre Werke auch zumeist über Galerien vermarkten. Der wichtigste Faktor in diesem Bereich sind Mieten und die entsprechende Umgebung. Künstler sind auf geräumige und billige Arbeitsstätten angewiesen, die ihren Bedürfnissen für kreatives Arbeiten entsprechen. Das kann sich in einer Stadt dieser Ausmaße und dieses Preisniveaus sehr schwierig gestalten; die Folge ist eine permanente Wanderung der „Szene" von teuer gewordenen Vierteln in billigere Neighbourhoods. Das ist mit Nachfolgenutzungen verfallener oder nicht mehr genutzter Gebäude verbunden, die in den meisten Fällen davor industriell oder gewerblich genutzt wurden. Daher auch die allmähliche Änderungen der Bedeutung des Begriffes „Loft", der in seinem Ursprung eben gewerblich genutzte Räume mit hohen Decken in mehrstöckigen Häusern bedeutete um mit der Zeit (v.a. seit den 1970er Jahren) für geräumige, „hippe" Appartements zu stehen (vgl. JACKSON, K.T. (1995) (Hrsg.): 689-690). Der Trend ist in der Vergangenheit so oft aufgetreten, dass man durchaus von einer Regelmäßigkeit sprechen kann. Die Wanderungen sind mit Schaffung eines speziellen alternativen, liberalen und kreativen Milieus verbunden, welches von Künstlern besonders bevorzugt wird. Das hat wiederum zu Folge, das noch mehr Künstler angezogen werden und sich somit in bestimmten Neighbourhoods eine oft identitätsstiftende Konzentration von Lofts, Studios und Galerien herausbildet. Die Künstler bedienen hierbei weniger den Massenmarkt (wie z.B. die meisten Bühnen am Broadway), sondern repräsentieren diverse Stilrichtungen, die als speziell betrachtet werden können und teilweise mit einem Hauch von „Exotik" behaftet sind. Es ist stets auch die Ausbildung eines speziellen Netzwerkes unter den Akteuren der Szene zu beobachten, was sich in der Organisierung von diversen Zirkeln und Vereinen manifestiert. Diese Kommunenbildung schafft sehr enge Bindungen zwischen den Künstlern und eine starke Verbundenheit mit dem Neighbourhood. V.a. Strömungen die sich den etablierten und bürgerlichen Werten sowie Kunstrichtungen widersetzen und in ihren Anfängen teilweise als subkulturell gelten können (wie z.B. Pop-Art, oder die Bewegung der Beatniks) sind sehr stark identitätsstiftend und indizieren eine starke Verbundenheit zwischen den Akteuren und mit dem Neighbourhood. Durch die starke Gentrification eines Gebietes durch den Zuzug von Künstlern, Recyclings von Bausubstanz und Generierung ökonomischer Sekundäreffekte mit einhergehender Aufwertung des Neighbourhoods, vervielfachen sich mit der Zeit die Miter- und Bodenpreise, so dass die weniger rentablen und wenig kommerzialisierten Kultureinrichtungen umziehen müssen. Ziel ist wiederum ein Gebiet mit ausreichend freier Fläche bei niedrigen Mietpreisen.

Diese für NYC zweifellos zutreffende Regelmäßigkeit lässt sich wie folgt zusammen fassen:

- starke Nutzungskonflikte und hohe Kommerzialisierung führen zu einer enormen Erhöhung der Bodenpreise,
- dadurch sind die weniger rentablen Kultureinrichtungen einer Verdrängung ausgesetzt, der sie dauerhaft nicht standhalten können,
- das hat zur Folge dass sie in Gebiete umsiedeln, in denen genügend Fläche vorhanden ist, bei gleichzeitig niedrigen Bodenpreisen.
- Dort besetzen Künstler nicht mehr genutzte Gebäude aus früherer Industrie- und Gewerbenutzung; Schaffung eines kreativen Milieus, Vernetzung, Herausbildung einer gemeinsamen Identität.
- Szene- und Milieubildung, sowie die Vermarktung der Kunstprodukte (Galerien u.s.w.) generieren Sekundäreffekte durch Zunahme der Attraktivität (Neighbourhood wird „hip").
- Es entstehen Clubs, Bars, Cafés und verschiedene Geschäfte; touristische Bedeutung nimmt enorm zu.
- Fortschreitende Kommerzialisierung und Generierung eines hohen Einkommens durch profitorientierte Einrichtungen führt zu einer massiven Erhöhung der Bodenpreise, bei gleichzeitiger teilweisen Zerstörung eines kreativen Milieus.

- Als Folge müssen viele Alteingesessene und weniger profitorientiert arbeitende
  Künstler in andere Viertel umziehen, die ihnen wiederum viel Platz bei niedrigen
  Preisen bieten.

Dieser „Gentrificationprozess" ist also als eine Spirale zu betrachten, wobei die eigentlichen
Auslöser und Akteure der Aufwertung eines Neighbourhoods am Ende die eigentlichen
leidtragenden Personen sind. Das wird in den Augen vieler Bewohner, vor allem aus den
unteren Einkommensschichten und der Kulturwelt als ein großes Problem in NYC angesehen
(vgl. STANGER, I. (2004)). Es bestehen zahlreiche Bürgerinitiativen die sich intensiv dafür
einsetzen diesen Prozess so zu gestalten dass der Wohnraum erschwinglich bleibt und
Preisspekulationen und die damit verbundenen Aufwertungen unterbleiben oder sich
zumindest in einem erträglichen Rahmen bewegen (dazu siehe z.B. die gemeinnützige
Initiative „Tenant Net" unter http://www.tenant.net). Als Gegensatz dazu dient die Tatsache
dass durch Gentrification vormals durch Verslumung bedrohte Viertel vitalisiert werden und
bezogen auf Kultur, wertvolle kulturelle Cluster entstehen, die ja einen großen Teil des
interessanten und positiven Images der Stadt ausmachen, sowie einen enormen Beitrag zur
reichhaltigen kulturellen Ausstattung der Stadt leisten.

Einige Lokalisierungen von Kultureinrichtungen sind an ethnisch stark einseitig geprägte
Neighbourhoods gebunden. Wichtig ist dabei die einheitliche gemeinsame ethnisch-kulturelle
Identität und das einer Gruppe Bestreben die Heimatkultur als Immigrant aufrechterhalten und
pflegen zu wollen. In NYC dient hierbei „Spanish Harlem" als Beispiel, wo eine Reihe
lateinamerikanischer Kultureinrichtungen anzutreffen sind.

Subkultur beginnt sich oft als Jugendkultur Herauszubilden oder in Kreisen, die sich
gesellschaftlich und sozial abgekoppelt fühlen, ist somit weniger an einen speziellen Standort
gebunden, als an die Anonymität einer Großstadt (vgl. JACKSON, K.T. (1995) (Hrsg.): 455),
um sich zuerst im „Verborgenen" zu entwickeln, und an ein starkes
Gruppenzugehörigkeitsgefühl. Als Beispiele hierzu dient die Subkultur der Homosexuellen in
Greenwich Village (vgl. JACKSON, K.T. (1995) (Hrsg.): 455-456) und die Entstehung der
Rap-Musik in der South Bronx.

Beispiele

Greenwich Village war schon sehr früh als Künstlerviertel bekannt. Als um die Jahrhundertwende viele von Industrie und Gewerbe genutzte Gebäude verlassen wurden und verfielen, sanken die Grundstücks- und Immobilienpreise enorm, was viele Bewohner des Neighbourhoods aus Angst vor Verslumung veranlasste wegzuziehen. Die übrig Gebliebenen und die neu eingezogenen Einwanderer bildeten eine vielsprachige Gemeinschaft die schnell dazu neigte ungewöhnliche Lebensweisen und Einstellungen zu tolerieren und zu praktizieren. Zu den Zeiten des ersten Weltkriegs hatte die Gegend den Ruf eines nichtangepassten, rebellischen Neighbourhoods, obwohl die meisten Bewohner eigentlich der konservativen Arbeiterklasse angehörten. Bereits damals wurde aufgrund der besonderen Situation das Augenmerk auf Künstler und Schriftsteller gerichtet, die sich in Greenwich Village entfalteten (vgl. JACKSON, K.T. (1995) (Hrsg.): 508). Schnell wurde dieses Neighbourhood zu einer Attraktion für Touristen. Kunstgalerien stellten Arbeiten von Avantgarde-Künstlern vor, es gab Straßenfeste und kleinere Theater (Off-Broadway) präsentierten sich als Alternative zu den kommerzialisierten Bühnen des Broadway. Der Bekanntheitsgrad und die hohen Besucherzahlen waren Gründe für Sekundäreffekte wie die Eröffnung von Bars, Clubs und Cafés. Aufgrund der rasanten ökonomischen Entwicklung und der Attraktivität der Gegend schossen die Mieten in die Höhe, so dass der Kommerz einige Langeingesessene Bewohner vertrieb. Trotzdem blieb die Szene sehr lebhaft und Greenwich Village wurde ein New Yorker Zentrum der Beat-Bewegung in den 1950er Jahren, es behielt also seinen alternativen und libertären Charakter bei. In den 1960er Jahren wurde es folglich zum zentralen Neighbourhood der antiautoritären Bewegung, wobei sich eine lebhafte Homosexuellenszene etablierte. Ein Zeugnis in der „westlichen" Welt für diese Tatsache ist der mittlerweile in vielen europäischen und US Städten routinemäßig zelebrierte „Christopher Street Day", der auf Ereignisse in Greenwich Village Ende der 1960er Jahre zurückführt (s. Kapitel 2.3).

Nach und nach verschob sich der kulturelle Schwerpunkt der Stadt in das Neighbourhood SoHo. Es war bis in die 1950er Jahre ein von Industrie und Gewerbe dominiertes Viertel, bis diese Zweige ihre Wirtschaftsflächen nach und nach verließen. SoHo galt damals als ein „commercial slum" (vgl. JACKSON, K.T. (1995) (Hrsg.): 1088). Die Folge war ein Absinken der Bodenpreise, so dass sich immer mehr Künstler in den geräumigen Leerständen niederließen und somit eine lebhafte und große Künstlergemeinde entstand. Das war illegal und verstieß gegen die von der Stadt aufgestellten Regeln der Raumnutzung, doch zusammen mit ansässigen Einwohnern wurden die Stadtoberen überzeugt die Regeln so ändern, dass diese einmalige Konstellation erhalten werden konnte. In den 1980er Jahren wurde SoHo zu einem begehrten und sehr lebhaften Viertel voller Geschäfte und Boutiquen mit der neuesten Mode, Galerien Performancezentren, Restaurants und Bars (vgl. JACKSON, K.T. (1995) (Hrsg.) 1088). Doch die Gentrification und die nachfolgende Kommerzialisierung führten dazu dass sich viele der Künstler und Kulturbetriebe die in horrende Höhen gestiegene Mieten nicht mehr leisten konnten und in andere Stadtviertel auswandern mussten. Trotzdem blieb SoHo bis heute ein lebhaftes Einkaufs- und Amüsierviertel.

Sehr aktuell ist das Beispiel des Neighbourhoods Williamsburg im Stadtteil Brooklyn. Die Entwicklung dieses Viertels ist nur allzu typisch und verläuft in ähnlichen Zügen wie die von SoHo (1960er), East Village (1970er) und Chelsea (1990er), wie ein ansässiger Bewohner im Jahre 1999 feststellte (dazu s. http://www.billburg.com/articles/yuppies_reply15.html). Williamsburg ist ein alter Industriebezirk in dem heute die typische Loftkultur blüht. Das Viertel ist sehr „trendy" geworden, es haben sich viele Restaurants, Bars, Cafés und Clubs niedergelassen, es ist eine Verjüngung der Bevölkerung zu beobachten. Die Mieten haben sich in 3 Jahren (Stand 2001) verdoppelt, man spricht zunehmend vom zweiten SoHo (vgl. ROTHBAUM, R. (2001)). Eine lebhafte Künstlerszene hat sich in diesem Neighbourhood etabliert, es ist ein Galerien- und Ausgehviertel entstanden (vgl. STANGER, I. (2004)). Die Lage des Neighbourhoods und der Charakter des Neighbourhoods sind geradezu optimal. Es liegt direkt an der Williamsburg Bridge, so dass Manhattan schnell erreichbar ist und durch die vielen nicht mehr genutzten Gewerbe- und Industrieimmobilien steht Künstlern und zukünftigen Bewohnern viel Platz zur Verfügung. Die Mieten haben jedoch bereits aufgrund der mit Gentrification verbundenen Aufwertung und der damit einhergehenden Spekulation der Grundstückseigner ein sehr hohes Niveau erreicht und es ist davon auszugehen, dass sie noch mehr steigen werden (vgl. STANGER, I. (2004) und ROTHBAUM, R. (2001)), wodurch das im vorherigen Kapitel vorgestellte Schema erfüllt wäre.

Probleme des Kultursektors in NYC und Lösungsansätze

NYC ist eine Stadt die zum einem großen Teil durch Kultur existiert und von Kultur lebt.
Doch aufgrund der vielen Wechselwirkungen des Kultursektors mit der Stadtökonomie und –
entwicklung steht die Kultur vor vielen Problemen. „Culture Counts" (vgl. NYFA (2001)),
zeigt anhand empirischer Ergebnisse sehr deutlich die Schwierigkeiten auf, mit denen das
Kulturleben in NYC zu kämpfen hat und bietet auch entsprechende Lösungsansätze.

Zuerst besteht das Problem einer nicht durchdachten und adäquaten Kulturpolitik in der Stadt.
Diese hat primär die Aufgabe die außerordentlich wichtige Rolle der Kultur (s.3.1) für NYC
zu begreifen. Hier müsste ein Netzwerk geschaffen werden, das zwischen Kulturvertretern
und der Stadt einen permanenten Informationsaustausch und Dialog schafft, wobei sich die
Verantwortlichen über die Ziele und Prioritäten ihrer Politik bewusst sein müssten. Die
Finanzierung verschiedener Institutionen und Viertel ist wenig nachvollziehbar und wird als
ungerecht und ungleich empfunden. An dieser Stelle ist die stetige Abnahme der für den
Kultursektor zugewiesenen Mittel anzumerken, wobei die Entscheidungsträger die Tatsache
sehen sollten, dass der Kulturbetrieb ja nicht nur aus profitorientierten Einrichtungen besteht,
sondern größtenteils einen gemeinnützigen Charakter trägt. Das „Department of Cultural
Affairs'" (DCA) sollte sich der komplexen Kulturökonomie anpassen, als eine Art Agent
arbeiten und die Arbeit effizienter gestalten (vgl.: NYFA (2001) : 20-22). Das
Finanzierungssystem ist nicht effektiv genug und der breiten Palette verschiedenster
Kultureinrichtungen nicht angepasst, so dass viele Kulturorganisationen gar keinen Zugang
zur Finanzierungshilfen durch die Stadt haben.

Mehrere Bevölkerungsgruppen sind beim Zugang zu kulturellen Einrichtungen benachteiligt.
Es sollte eines der vorrangigen Ziel des DCA sein, diese Hindernisse möglichst effektiv
abzubauen um allen Bevölkerungsgruppen eine Möglichkeit zu geben sowohl aktiv als auch
passiv am Kulturleben teilzunehmen. So sollten kulturelle Programme in Schulen gefördert
werden um allen Kindern die gleichen Chancen zu bieten sich in dieser Richtung fortzubilden
und tätig zu werden. Die Kosten kultureller Veranstaltungen sind für manche New Yorker
schlichtweg zu hoch und es besteht Bedarf diese zu reduzieren, oder entsprechende Rabatte zu
gewähren.

V.a. Familien und Bürger mit niedrigen Einkommen sind von dieser Tatsache sehr stark betroffen. Der dritte Punkt wären mangelnde Informationen über kulturelle Veranstaltungen und die diversen Möglichkeiten der Teilnahme am Kulturleben (vgl. NYFA (2001) : 24-26).

Die letzte Problemebene bezieht sich auf die kulturellen Einrichtungen und die Künstler selbst. Das dringendste Problem ist der Mangel an Raum, der v.a. die kleinen und mittelgroßen Organisationen betrifft, aber auch sehr stark die individuellen Künstler. Die Mietentwicklung ist für manche Kultureinrichtungen und Künstler existenzbedrohend. Empirische Befunde zwischen 1996 und 2000 zeigen das sehr deutlich. Zunahme des Mietpreisniveaus in Chelsea: 262%, Abnahme des verfügbaren Raumes: 46%; in Midtown Westside: 121%/49%; NoHo/SoHo: 165%/35%; Lower 6th Avenue: 91%/41%. An dieser Stelle sei an das Kapitel 3.2 verwiesen und an die darin erläuterte Systematik des langfristig permanenten Standortwechsels von Kunsteinrichtungen. Das neue geographische Zentrum der Kunst in Longs Island City und Downtown Brooklyn ist bereits ebenfalls vom enormen Anstieg der Mieten betroffen, die Bandbreite reicht von 20$ bis über 40$ per Quadratfuß. Diese Problem ist in NYC sehr dringend, aber es bestehen auch Lösungsansätze. So können sich Künstler verschiedener profitorientierter Organisationen bedienen um ihre Grundstücke zu finanzieren, oder sich zusammenschließen und Grundstücke aufkaufen um damit nicht mehr von einem „Landlord" abhängig zu sein. Die Einrichtungen könnten außerdem in der Zeit in der sie nicht aktiv sind die Räumlichkeiten weitervermieten, so wie z.B. kommerzielle Tanzstudios ihre Räume anderen weniger profitorientierten Künstlern zu günstigen Preisen vermieten können. Außerdem wird den Einrichtungen geraten ihre back-office-Aktivitäten (z.B. Verwaltung, Buchhaltung...) aus den zentralen Neighbourhoods in weiter gelegene Viertel zu verlagern und somit Mietkosten zu sparen. Weitere Probleme in dieser Ebene sind eine unzureichende Infrastruktur, wie z.B. der Mangel an Internetanschlüssen und die Notwendigkeit viertelspezifische Eigenschaften in der infrastrukturellen Ausstattung zu beachten (vgl. NYFA (2001) : 49 ff.).

In NYC gibt es auch zahlreiche Programme und Institutionen die das Kulturleben unterstützen. Alleine das DCA als zentrale Organisation betreibt einige dieser Programme, die sehr wichtig für die kulturelle Ausstattung der Stadt sind. Künstler und Organisationen haben die Möglichkeit sich beim DCA zu registrieren und an diesen Programmen teilzunehmen. So z.B. „Materials for the Arts". Hier werden von der Industrie, verschiedenen Institutionen und Individuen,   Materialspenden entgegengenommen, die Künstlern behilflich sein könnten.

Diese werden an einzelne Künstler und Einrichtungen gemäß ihres Bedarfes verteilt. Das Programm rühmt sich zusätzlich damit jedes Jahr Hunderte von Tonnen Abfall vom New Yorker Müllsystem fernzuhalten und wieder zu verwerten (vgl. NYFA (2001) 19, sowie http://www.mfta.org/home.shtml). Ein weiteres wichtiges Beispiel ist „Percent For Art". Es hat zum Ziel Kunst nicht nur hinter verschlossenen Mauern erlebbar zu machen, sondern sie in den öffentlichen Raum zu stellen, als Ausdruck des gemeinschaftlichen und öffentlichen kulturellen Lebens. Dadurch verspricht man sich eine architektonische Aufwertung des Stadtbildes und eine Unterstreichung der Tatsache dass NYC eine Kulturstadt ist. Hierbei handelt es sich eigentlich um ein Gesetz von 1982, welches besagt, dass ein Prozent der Ausgaben die die Stadt in Bauvorhaben tätigt für Kunst im öffentlichen verwendet werden muss.

Neben den staatlichen Organisationen die Kunst unterstützen gibt es natürlich viele private Initiativen und Zusammenschlüsse von Künstlern sowie deren Unterstützern (dazu siehe z.B. ALLIANCE FOR THE ARTS (Hrsg.)).

Schlussbetrachtung

Wie man anhand dieser Ausführungen gesehen hat ist die New York tatsächlich ein Kulturzentrum nicht nur vom nationalen, sondern auch vom internationalen Rang. Die geschichtliche Entwicklung der Stadt ist eine kulturelle Entwicklung und das heutige Bild der Stadt ist enorm eng mit dem Kulturleben und der lebhaften Kulturszene in der Metropole verbunden. Beinahe die ganze Welt kennt den Broadway, aber auch Graffiti und Rap. Die ganze Welt spricht über das neue MoMA, man kennt Warhol, Gershwin, und auch den Christopher Street Day. Alleine dadurch manifestiert sich die massive internationale Bedeutung New Yorks als Kulturzentrum.

Bei detaillierten Betrachtungen der Thematik wird einem schnell klar, welche Wichtigkeit die Kultur für den Charakter und das Image der Stadt hat und welchen Einfluss sei auf die städtische Ökonomie ausübt. Neben dem Finanzsektor ist der Kultursektor eine weitere wichtige ökonomische Säule der Stadt. V.a.. deswegen weil er ein touristischer Magnet ist, ohne den NYC nicht mal annähernd so populär und touristisch genutzt wäre wie es heute der Fall ist. Außerdem ist der Sektor ein Motor für die ökonomische Entwicklung der Stadt, der Einkommen generiert sowie Arbeitsplätze schafft und sichert.

Doch wie bei jeder starker Verflechtung und intensiven Wechselwirkungen zwischen zwei Dingen, kommt es auch in diesem Fall zu diversen Problemen, negativen Erscheinungen und unerwünschten Effekten. Eben da beginnt die Herausforderung für Politiker, Stadtplaner und Künstler. Das Kulturleben ist eine wichtige Basis für die Existenz der Stadt wie sie sich immer gezeigt hat und jetzt zeigt, somit ist es unbedingt notwendig alles Nötige zu unternehmen damit der Kultursektor lebendig bleibt und sich mit der Stadt weiterentwickeln kann.

Literaturverzeichnis

HARLEM SPIRITUALS (2004): "Harlem History". URL:
http://www.harlemspirituals.com/harlem.php. Abrufdatum: 19.11.2004.

ESTATE OF HANS HOFMANN (2004): "Hans Hofmann Chronology". URL:
http://www.hanshofmann.org/bio.htm. Abrufdatum: 21.11.2004.

HOMBERGER, E. (1996): *The Historical Atlas of New York City*. 2. Auflage. New York.

MERVIN, T. (2003): „Love and Betrayal, Tenement Style". In: *The Jewish Week*.
11.04.2003.URL:http://www.thejewishweek.com/news/newscontent.php3?artid=8
698. Abrufdatum: 17.11.2004.

NYC & COMPANY INC. (2003): "Offizielle Website von NYC & Company". URL:
http://www.newyork.de/index.cfm?PID=1856. Abrufdatum: 14.11.2004.

MAYLON, J. (2004): „Artcyclopedia". URL: http://www.artcyclopedia.com. Abrufdatum:
15.11.2004.

JACKSON, K.T. (1995) (Hrsg.): *The Encyclopedia Of New York City*. University of Yale.

KINGWOOD COLLEGE LIBRARY (2004) (Hrsg.): "American Cultural History". URL:
http://kclibrary.nhmccd.edu/19thcentury.html. Abrufdatum: 16.11.2004

DER SPIEGEL (2004): „Das verdoppelte MoMa". Heft 47. S. 196-198.

NEW YORK REPORTERS (2004): "Alles über New York, die Hauptstadt der Welt". URL:
http://www.newtechreporters.com/pages_1/nyc_fnf.htm. Abrufdatum: 20.11.2004

WIKIPEDIA (2004): „The Free Encyclopedia – Online open content encyclopedia". URL:
http://en.wikipedia.org/wiki/Main_Page. Abrufdatum: 18.11.2004

REUBLIN, R.A.; MAINE, R.L. (2004): "Coon Songs and Racial Stereotypes in American
Popular Song". URL: http://parlorsongs.com/insearch/coonsongs/coonsongs.asp.
Abrufdatum: 17.11.2004

RUSIE, R.(2004): „Broadway 101. The History of the Great White Way". URL: http://www.talkinbroadway.com/bway101/. Abrufdatum: 20.11.2004.

ZUCKER SEEMAN, H.; SIEGFRIED A.(1979): *SoHo. A Guide.* New York. Auszüge unter: http://www.artnyc.com/SoHoHistory.html. Abrufdatum: 21.11.2004

NYFA (2001) (NEW YORK FOUNDATION FOR THE ARTS) (Hrsg.): *Culture Counts. Strategies for a More Vibrant Cultural Life for New York City.* New York.

ALLIANCE FOR THE ARTS (Hrsg.) (Erscheinungsdatum unbekannt): *The Economic Impact of the Arts on New York City and New York State. Executive Summary.* New York. URL: http://hellskitchen.net/ develop/news/ alliance.html. Abrufdatum: 25.11.2004.

HOSTETTER, M. (2003): "The Cultural Economy". In: *Gotham Gazette.* URL: http://www.gothamgazette.com/article/Arts/20030101/1/35. Abrufdatum: 25.11.2004.

STANGER, I. (2004): „The Gentrification Game". URL: http://www.nyfa.org/level4.asp?id=176&fid=1&sid=51&tid=169. Abrufdatum: 26.11.2004.

ROTHBAUM, R. (2001): "Williamsburg is Brooklyn's newest trendy spot". URL: http://cityguide.pojonews.com/fe/DayTrips/stories/dt_williamsburg.asp. Abrufdatum: 28.11.2004

THE CITY OF NEW YORK (2004): "Department of Cultural Affairs". URL: http://www.nyc.gov/html/dcla/html/seemore04/seemore04_home.shtml. Abrufdatum: 20.11.2004.

Handout

Field Trip New York City 2005

The History Of Broadway Theaters   Martin Doskoczynski

- 19th ct.: first theaters in Downtown Manhattan: Park Theater on Park Row (1810) and "The Bowery" on the Bowery (1821)

-

  o World of entertainments, theaters, circusses, exhibitions centered on the Bowery

  o

  o beginnings of intensive growth of number of theaters and domination (Broadway-Syndicates)

  o beginning of "moving to midtown"

  o import of many artists from europe

  o 1866: "The Black Crook" → first Broadway Musical

- 1900-1920: Beginnings of the Theater District which extended along Broadway from 13th Street to 45th Street

  o "The Great White" (Way): Lights illuminating the Theater District

  o since 1902: several institutions built on "Longacre Square" → 1904 renaming in "Times Square"

  o Theaters: provincial, parochial and patriotic ("Stars and Stripes")

  o Beginning of "realism" and dramaturgy

  o Most expensive show in NYC: $2.50 "The Follies of 1907" (1907)

  o 1905: "The Hippodrome"-Theater: over 5,000 seats, 1910: 40 theaters in the Theater District

  o since 1910: growth of USA and WWI influence Broadway, financial and moral support of the troops

  o 1914: for the first time the songs of a play were part of the action; first jazz-musicals

  o disputes between actors and producers, strikes; "no more pay, just fair play"

  o continuing moving northwards, more and more theaters established in Midtown Manhattan

  o vaudevilles, ragtime, blues, jazz; black artists, but also racist plots

- 1920-1940: "The American Theater": new economic, social and intellectual world, then great depression (since ~1930)

- o "The New Theater" established next to central park → American Theater (→ New Theater Movement)
- o 1925: Civic Repertory Theater: cheap performances for the masses, mix of immigrants, students and uptown theater-goers → training ground for actors
- o presentation of black life by black performers
- o most famous plays: ~1400 performances (e.g."Hellzapoppin")
- o big crisis during the depression
- o "Federal Theater Project", "experimental theater"; "Group Theater": young actors, idealistic group → political theater
- o declining number of production but improving quality
- 1940s: "Bright, golden Haze"
  - o Situation very similar to the 1910s, due to WW.II
  - o "Nazis" in performances
  - o comedy and farce to escape the reality of war
  - o upcoming TV: many movies basing on Broadway-performances
  - o movies cheaper then plays, rise of costs → decreasing number of performances
  - o musical no longer escapistic, but also informing and thought-provoking
  - o first off-Broadway theaters in Greenwich Village
  - o damage to theater by the "Un-American Activities Committee"
  - o demonstration for social change and sexual and racial equality by actors in plays
- 2nd half of 20th ct.: NYC cultural capital of the world
  - o motto: "freedom" and the defense of it
  - o Broadway-Plays more and more expensive, not affordable for many people
  - o Even Off-Broadway expensive → off-off-Broadway established
  - o Importance of Broadway still very high, but for the first time more actors employed outside of NYC than in it (1960s)
  - o Most popular performances: musicals
  - o Surroundings of Times Square absolute Center of Broadway-Insitutions, but continuing moving northwards
  - o Times Square since 1970s affected by drugs, prostitution and sex-cinemas, urban decay, renewal in the 1990s (under Giuliani)

Sources:

JACKSON, K.T. (1995) (Hrsg.): *The Encyclopedia Of New York City.* University of Yale.

KINGWOOD COLLEGE LIBRARY (2004) (Hrsg.): "American Cultural History". URL: http://kclibrary.nhmccd.edu/19thcentury.html. Abrufdatum: 28.02.2005

RUSIE, R.(2004): „Broadway 101. The History of the Great White Way". URL: http://www.talkinbroadway.com/bway101/. Abrufdatum: 01.03.2004.